好奇心书系
自然观察手册

矿物与宝石

A FIELD GUIDE TO
MINERALS & GEMSTONES

主编 朱江

U0188126

重庆大学出版社

图书在版编目（CIP）数据

矿物与宝石／朱江主编. — 重庆：重庆大学出版
社，2014.10（2022.4重印）
　（好奇心书系.自然观察手册系列）
　ISBN 978-7-5624-8184-3

　Ⅰ.①矿… Ⅱ.①朱… Ⅲ.①矿物学—普及读物②宝
石—普及读物 Ⅳ.①P57-49②TS933.21-49

中国版本图书馆CIP数据核字（2014）第093965号

矿物与宝石

主编　朱　江

策划：鹿角文化工作室

编著者：郭克毅　於晓晋　朱　江　李　旭　金晓骞
摄影：郭克毅　於晓晋　朱　江　陈　呈　龚　霞　井佰阳
责任编辑：梁　涛　　　版式设计：田莉娜
责任校对：邹　忌　　　责任印制：赵　晟

*

重庆大学出版社出版发行
出版人：饶帮华
社址：重庆市沙坪坝区大学城西路21号
邮编：401331
电话：(023) 88617190　88617185（中小学）
传真：(023) 88617186　88617166
网址：http://www.cqup.com.cn
邮箱：fxk@cqup.com.cn（营销中心）
全国新华书店经销
重庆长虹印务有限公司印刷

*

开本：787mm×1092mm　1/32　印张：3.625　字数：119 千
2014年10月第1版　2022年4月第7次印刷
印数：18 001—21 000
ISBN 978-7-5624-8184-3　定价：26.00元

前 言

    不管你是不是专家，或许都对宝石有所了解。或许你是在电视里看到过它们，或许你是在书中了解了有关宝石的知识，又或许是在商场或珠宝店的柜台里看到过它们。但你知道吗，在野外我们也可能遇到它们。

    当我们攀登高峻的山峰时，也许会被山岩上闪闪发光的石头吸引；当我们徜徉在宽广的河滩上时，也许会在不经意间发现一颗美丽的鹅卵石；当你在海滨的沙滩上漫步，在沙滩的沙子中，也许就埋藏着宝贝呢！

    如果你喜欢石头，就一定想知道，在哪里能找到更漂亮的石头？这些石头是由什么成分构成的？有什么用途又有什么特征？哪些石头经过打磨会成为美丽的装饰品？

    就让我们一起去野外看看，也许你会收集到漂亮的石头，或许你真能在旅行的途中觅得宝石呢！

朱 江

2014年4月

目 录
CONTENTS

矿物学入门知识

　　矿物学是研究矿物的外表形态、物理性质、化学组成、内部结构、成因产状等方面的特征和规律及其相互关系的一门重要学科。

　　矿物学在国民经济建设中有着十分重要的作用。人类在茹毛饮血的原始时期就利用矿物作为生产工具和装饰品。迄今，矿物已广泛应用于人类生产和生活的各个领域。目前我国工业生产所用原料的70%取自于矿物。同时，了解矿物的成分、性质、成因、产状，以及常见矿物的识别，对于矿物及宝玉石收藏爱好者来说，亦有着重要的意义。

什么是矿物

　　在古代，人们把采矿中采掘出来的天然碎石块叫作矿物。

　　随着人类生产活动的发展，对自然界的认识逐渐深入，人们发现，天然产出的矿石块并非均一的物体。经过很长时间的观察思考，才逐渐把矿物、

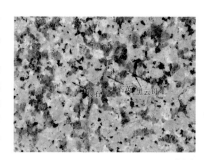

▶ 花岗岩

2 矿物与宝石

矿石与岩石这几个有联系又有区别的概念比较科学地建立起来,认识到矿物是地质作用过程中形成的具有相对固定的化学组成以及确定的晶体结构的均匀固体。

矿物是组成岩石和矿石的基本单元,即岩石和矿石都是由许许多多细小矿物颗粒组成的集合体。比如:花岗岩就是由长石、石英及黑云母等多种矿物组成的。

还要说明的是,任何矿物都稳定于一定的环境条件下,超出这个条件范围,原来的矿物会发生变化,生成新条件下稳定的矿物。如还原条件下形成的黄铁矿,与空气和水接触,会氧化分解,形成氧化条件下稳定的针铁矿。

矿物的形成和各自特点

现在大家知道了矿物是在各种地质作用下产生的,那么具体是怎么形成的呢?矿物可以简单地分为原生的、次生的和表生的3类。

原生矿物是指与内生条件下的造岩作用和成矿作用过程中同时形成的矿物。如岩浆结晶过程中所形成的橄榄岩中的橄榄石,花岗岩中的石英、长石,热液成矿过程中所形成的方铅矿等。图为中国地质博物馆广场上的"水晶王"。

▶水晶的巨型晶体

次生矿物是指在岩石和矿石形成之后，其中的矿物遭受化学变化而改造成的新矿物。如橄榄石经热液蚀变而形成蛇纹石，正长石经风化分解而形成高岭石，方铅矿与含碳酸的水溶液反应而形成白铅矿等。次生矿物与原生矿物在化学成分上有一定的继承关系。

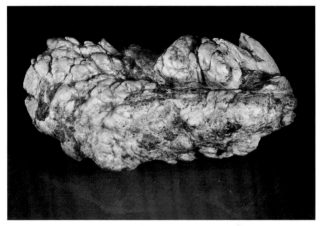

▶ 蛇纹石

表生矿物是在地表和地表附近范围内，由于水、大气和生物的作用而形成的矿物。主要包括湖泊海洋中的沉积矿物，如石盐、硅藻土等，以及原生矿物在地表条件下遭受破坏而转变形成的部分次生矿物，如江西离子型稀土矿床中的高岭石、多水高岭石，铁矿床中的褐铁矿、针铁矿，铅锌矿床中的铅矾等矿物。

▶ 石盐

4 矿物与宝石

▶ 褐铁矿

　　此外，还有一类独特的矿物——重砂矿物，当岩石和矿石遭受风化、破坏形成了大量的碎屑物质后，这些物质以及那些经搬运、分选沉积下的松散机械沉积砂粒当中密度较大（一般密度为2.9 g/cm³以上），随着风化作用，部分会被水或风携带，离开原产地，在适宜的场所沉积下来，有些可在河床，甚至荒漠中被发现，由此富集成砂矿床。

▶ 翡翠

　　重砂矿物大都具有经济价值。如自然金中的砂金，因为它是一种重砂矿物，所以在采集时可以用水淘出。优质的宝石也往往产于砂矿，如钻石（金刚石）、蓝宝石（刚玉）、翡翠（硬玉集合体）、和田玉籽料（透闪石集合体）等。

　　我国山东常林钻石的发现特别偶然，它裹携在经风化、破碎、搬运、分选而沉积的松散砂粒中，被一位女青年在农田中拾到了。

鉴定矿物的主要方法

矿物的形态

　　形态是矿物的重要外表特征之一。它取决于矿物的化学成分和内部结构，是矿物的重要鉴定特征。其次，矿物形成时的环境对形态也有重要影响，因此，形态还是研究矿物成因的重要标志。

　　矿物具有一定的结晶习性，每种矿物的晶体在一定的外界条件下总是形成某种固定的形态，常成为鉴定矿物的方法之一，如金刚石的八面体和绿柱石的六方柱等。

▶绿柱石

▶金刚石

按照矿物单个晶体在三维空间发育的情况可将其生长习性分为3种：

1.柱状：矿物单体沿一个方向伸长，其形状有柱状、针状、纤维状等，如水晶、电气石、辉锑矿等。

▶水晶

▶辉锑矿晶簇

2.片状和板状：矿物单体沿两个方向伸展，第三个方向不很发育，其形状有板状、鳞片状等，如云母。

▶石榴石

3.粒状：矿物单体在三度空间发育程度基本相等，其形状有粒状、等轴状等，如石榴石、黄铁矿等。

这3种情况可以分别称为一向延长型、二向延长型和三向延长型。

有些矿石不是单个晶体，而是由不同矿物或同种矿物的细小晶体

▶ 翡翠

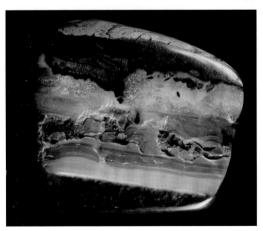

▶ 贵蛋白石

聚集而成，它们就没有自己的特定形态，例如翡翠、芙蓉石等，被称为块状。

　　还有一些宝石是非晶质体，内部质点排列无序，因而不可能具有规则的几何外形。如贵蛋白石等，这类宝石也是块状的。

矿物的物理性质

每种矿物都具有一定的物理性质，根据每种矿物特有的物理性质，可以区分不同的矿物，这是鉴别矿物的主要依据。

矿物的光学性质

颜色

颜色是矿物的重要光学性质之一。不少矿物具有鲜艳的颜色，如孔雀石的绿色，蓝铜矿的蓝色，辰砂的红色，对于这些矿物来说，颜色是极其重要的鉴定特征。另外，不少矿物由于具有鲜艳美丽的颜色而作为宝石原料和天然颜料，例如红色和蓝色的刚玉作为红宝石和蓝宝石的原料，绿色和海蓝色的绿柱石作为祖母绿和海蓝宝石的原料，绿色的孔雀石、蓝色的蓝铜矿和褐红色的赤铁矿都可作为天然的颜料。

▶ 孔雀石

条痕色

条痕色是指矿物在无釉白瓷板上摩擦留下粉末的颜色。同一种矿物的条痕色是比较固定的。条痕可能和矿物的颜色相同，也可能不同。如赤铁矿的颜色可以是褐红色，也可以是铁黑色，但条痕均为樱红色，雄黄的颜色是红色，条痕色为橘黄色。可见条痕色是鉴定矿物的一个重要依据。条痕实验的方法是将矿物在未上釉的白瓷板上刻划，即可显出矿物的条痕色。

假色

矿物有时会呈现出假的色彩,是阳光在矿物表面层中经色散和反射后发生相互干涉的结果。

▶ 石英断口上的假色

光泽

光泽是指矿物反光的能力,因强弱有别,光泽常与矿物的成分和表面性质有关。习惯上按矿物表面的反光程度分为金属光泽和非金属光泽两大类,介于两者之间的称半金属光泽。

金属光泽的矿物反光极强,如同平滑的金属表面呈现的光泽,如方铅矿、黄铜矿等。

半金属光泽的矿物如赤铁矿、闪锌矿等。

非金属光泽中由于矿物及集合体表面形态不同,常表现为以下几种:

金刚光泽:非金属光泽中最强的一种,似太阳光照在宝石上产生的光泽,如钻石。

玻璃光泽:具有光滑表面类似玻璃的光泽,如水晶。

珍珠光泽:类似蚌壳类或珍珠闪烁的光泽,如云母。

丝绢光泽:纤维状矿物集合体产生像蚕丝棉状光泽,如石膏、石棉。

油脂光泽:具有不平坦表面而类似动物脂肪的光泽,如透闪石。

土状光泽:光泽暗淡如土,只出现在粉末状或土状集合体表面。这种光泽最弱,高岭石、褐铁矿等矿物集合体经常具有这种光泽。

透明度

矿物的透明度是指矿物允许可见光透过的程度。肉眼鉴定矿物时，一般将矿物的透明度分为3个等级：

透明：隔着1 cm厚的矿物观察其后面的物体时，依然能清晰地辨别出物体的轮廓和细节。如水晶、金刚石、冰洲石等。

半透明：隔着1 cm或不足1 cm厚的矿物观察其后面的物体时，可以看到物体的存在，但其轮廓和细节则无法分辨。如辰砂、锡石、自然硫等。

不透明：隔着极薄的矿物样品，也观察不到其后面的物体。如磁铁矿、石墨、黄铁矿等。

矿物的力学性质

矿物的力学性质是指在外力作用下所表现的物理性质，包括硬度、解理、断口、弹性、挠性和延展性等。

硬度

矿物的硬度是指其抵抗外来机械力作用（如刻划、压入、研磨等）的能力。一般通过两种矿物相互刻划比较而得出其相对硬度，通常以摩氏硬度计作标准。

摩氏硬度计以10种矿物的硬度表示10个相对硬度的等级，由软到硬的顺序为：滑石（1度）、石膏（2度）、方解石（3度）、萤石（4度）、磷灰石（5度）、正长石（6度）、石英（7度）、黄玉（8度）、刚玉（9度）、金刚石（10度）。

矿物硬度也可以用日常用品来测定，比如用指甲（硬度为2～2.5）、铜钥匙（硬度约为3）、小钢刀（硬度约为 5.5）、玻璃（硬度约为 6）等来刻划各种矿物，大致确定被刻划矿物近似的硬度级别。

解理

解理是矿物受力以后，沿着晶体一定方向破裂的性质。根据解理完善程度可分为：

极完全解理：矿物可以剥成很薄的片，解理面完全光滑，如云母、绿泥石等矿物。

完全解理：矿物受打击后易裂成平滑的面，如方解石。

中等解理：破裂面大致平整，如辉石和角闪石等。

不完全解理：解理面不平整，多数断面难以找到，如磷灰石。

▶ 云母的极完全解理

▶ 方解石的完全解理

无解理：一般不出现解理，只在特殊情况下表现出解理性质，如石英。

断口

断口是矿物受到敲击后，沿任意方向发生的不规则破裂面，常见的断口类型多样，主要有以下几种：

贝壳状断口：断口有圆滑的凹面或凸面，面上具有同心圆状波纹，形如蚌壳面，如石英就具明显的贝壳状断口。

锯齿状断口：断口有似锯齿状，其凸齿和凹齿均比较规整，同方向齿形长短、形状差异并不大，如纤维石膏的断口。

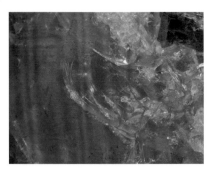

▶ 石英的贝壳状断口

参差状断口：断面粗糙不平，有的甚至如折断的树木茎干，如磁铁矿、角闪石等的横断面。

类土状断口：其断面平滑，但断口不规整，如高岭石。

对于各类矿物，其断口也具有一定的鉴定意义。

弹性与挠性

某些片状或纤维状矿物，在外力作用下可发生弯曲，当去掉外力后能恢复原状者具弹性（如云母）；不能恢复原状者具挠性（如蛭石和绿泥石）。

延展性

矿物能被锤击成薄片状或拉成细丝的性质称延展性，如自然金、自然银、自然铜等具此性质。

矿物的其他性质

密度

矿物与同体积水（4℃）的重量比值，称密度，单位为g/cm^3。通常用手掂量就能分出轻重来，或者用体积相仿的不同矿物进行对比来确定，大致确定出所谓的重矿物和轻矿物。

磁性

矿物能被磁铁吸引或本身能吸引铁屑的能力称为磁性。可用磁铁或磁铁矿粉末进行测试。

发光性

矿物在外来能量的激发下，能发出某种可见光的性质称发光性。如萤石、白钨矿在紫外线照射时均显萤光。

寻找和收集矿物

　　到大自然中去考察、采集几块矿物、岩石标本，是令人陶醉而有意义的。但是出发前可别忘记带上以下工具：地质锤、放大镜、小刀、条痕板（无釉白瓷板）、磁铁、照相机、背包等。

　　许多有用矿物都在被人类开采利用，机械化的生产总会遗漏部分矿物。此外，由于许多矿物都带有伴生矿，而一些矿山只采主矿，副矿会被遗弃，因此，在矿山的矿渣、尾矿堆中，也可能发现适合收藏的矿物。笔者在首云铁矿、浙江萤石矿的废弃矿渣堆中都发现有不错的矿物。当然，如果能进到矿洞，一定会有更丰厚的收获。多年前，笔者曾跟随采矿者进过一个小锰矿的矿洞，捡到了一块很漂亮的蔷薇辉石。

　　还有一个收集矿物的途径，即在有矿物运输的道路边。矿物在运输的过程中偶尔会被遗落，在有货车经过的铁路边和公路边，经常可以捡拾到铁矿石、萤石和燧石等工业用途比较大的矿物。

▶ 矿渣中发现的萤石晶体

常见矿物的识别

　　自然界中的每一种矿物各自都有着相对固定的化学组成和内部结构，从而具有一定的形态、物理性质和化学性质。这里是根据矿物的晶体化学分类介绍常见的矿物，这一分类法是目前矿物学广泛采用的分类方法，其依据是矿物的化学组成和晶体结构。

自然元素

　　自然元素是一类未与其他元素结合的单质矿物，很少见到完整晶形。常见片状、板状、块状及不规则的树枝状集合体。

　　与其他矿物相比，自然元素矿物非常稀少，约占地壳质量的0.1%，但是它们非常重要，主要是由于它们在工业上的用途，可作为某些贵金属（金、银）和宝石的主要来源。

　　根据元素的类别，自然元素可分为自然金属、自然半金属、自然非金属。

自然铜 Copper

　　自然铜化学成分为铜（Cu），晶体属等轴晶系。常见片状、板状、块状及不规则的树枝状集合体，新鲜面呈铜红色，表面常氧化成棕黑色或绿色。金属光泽，条痕铜红色，不透明。硬度2.5～3，密度8.9 g/cm³。无解理，断口呈锯齿状。

　　自然铜普遍产于硫化物矿床的氧化带中，与赤铜矿、孔雀石、蓝铜矿等共生，大量聚集时可作为铜矿开采。

▶ 自然铜

我国的湖北、云南、甘肃、长江中下游等地铜矿床氧化带中皆有产出。

自然金 Gold

自然金化学成分为金（Au），晶体属等轴晶系。自然金通常成树枝状、粒状或鳞片状产出，偶尔有不规则的大块体，俗称狗头金。自然金颜色和条痕均为金黄色，随含银量增大逐渐变淡。金属光泽，不透明。

▶ 自然金

硬度2.5~3,纯金密度19.3 g/cm³,是热和电的良导体。

自然金主要产于热液成因的含金石英脉内,共生矿物有石英、黄铁矿及其他硫化物。

黄金历来被大量应用于珠宝首饰业,各国每年在这方面所消耗的黄金就占世界黄金产量的2/3。另外,假牙的制造也要用去大量的黄金。黄金还被应用于电子元件、电视机、电脑等方面的生产,由于耐高温、耐腐蚀等特性,黄金在航空航天领域也被大量应用。

中国金矿床分布较广,岩金主要分布于山东、黑龙江、吉林、河南、河北、湖南等地,砂金主要分布于黑龙江、四川、陕西、内蒙古、吉林等地。

自然铂 Platinum

自然铂化学成分为铂(Pt),晶体属等轴晶系。又名白金,常以细粒、细片或不规则团块状产出。硬度4~4.5,纯铂密度21.5 g/cm³,因含杂质,一般为14~19 g/cm³。金属光泽,条痕钢灰色。富含铁时具磁性。

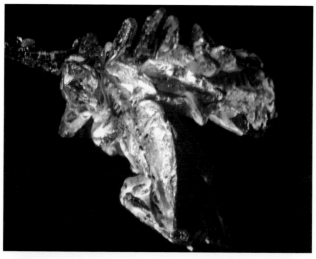

▶ 自然铂

耐腐蚀性极强，抗氧化性强，延展性良好。

自然铂几乎是金属铂的唯一来源。铂除用于珠宝饰物外，大量用于汽车催化转换器中，以及作为炼油工业的催化剂，用于制作电子器件、白金坩埚、牙科材料和人造纤维的喷丝头等。

自然铂产于超基性岩的岩浆矿床中，同时也见于砂矿床中。

我国是铂资源稀缺的国家，仅在某些超基性岩中有产出。分布于云南、青海、甘肃、河北、河南、陕西等地。

自然银 Silver

自然银化学成分为银（Ag），晶体属等轴晶系。通常呈树枝状、不规则薄片状、粒状和块状产出。新鲜断口呈银白色，但表面往往呈灰黑的锖色，条痕银白色。不透明，金属光泽。硬度2.5～3。无解理，锯齿状断口。密度10.5 g/cm³。

自然银产于一些中低温热液矿床，也见于硫化物矿床的氧化带。

自然银为银的唯一来源。

▶ 自然银

中国银矿床主要分布于江西，其次为广东、湖北、广西、云南、湖南、甘肃、河南等地。

石墨 Graphite

石墨化学成分为碳（C），晶体属六方或三方晶系。多以鳞片状或块状、土状产出，颜色及条痕均为灰黑色。底面解理极完全。硬度1。有滑感，易污手。密度2.25 g/cm³。金属光泽，不透明。

石墨常形成于高温条件下，主要由煤或碳质页岩经接触变质或区域变质形成，产于石墨片岩中。

石墨在工业上运用极广，用于制作冶炼上的高温坩埚、机械工业的润滑剂、制作电极和铅笔芯；也广泛用于冶金工业的高级耐火材料与涂料，是各个工业部门重要的非金属矿物原料。

石墨大量分布于中国的山东、黑龙江等地。

▶ 石墨

金刚石 Diamond（钻石）

宝石级的金刚石叫钻石，化学成分为碳（C），晶体属等轴晶系。晶体常呈八面体状，其次为菱形十二面体，立方体较少。晶粒一般较小，长如小米粒或更小，大者如绿豆或黄豆。透明无色，常因微量杂质混入而呈黄、灰、黑等色，少数也呈蓝色、粉红色。金刚光泽，硬度10，是已知自然界中最硬的天然物质。

金刚石形成于高温高压的条件下，为岩浆作用的产物。产于超基性的金伯利岩和钾镁煌斑岩中。

金刚石是用于钻探和切削刃具的材料，美丽者为珍贵的宝石。

我国金刚石资源主要分布于湖南、山东、辽宁等地。其中辽宁省瓦房店是中国金刚石资源的主要分布区，金刚石储量居全国第一，出产了大量宝石级金刚石。

▶ 金刚石

自然硫 Sulphur

▶ 自然硫

　　自然硫化学成分为硫（S），晶体属斜方晶系。通常呈块状、土状、粉末状集合体。纯硫呈黄色，条痕淡黄色。半透明，硬度为1~2，密度2.07 g/cm³，性脆，金刚光泽。

　　自然硫大多见于地壳的最上部分，其形成有着不同的途径。最主要的是由生物化学作用形成的以及由火山喷发形成的自然矿床。

　　自然硫是化学工业的基本原料，主要用于制造硫酸，其次用于化学制品。

　　中国自然硫主要产地是台湾北部的大屯火山区和山东泰安朱家庄自然硫矿区。

硫化物及其类似化合物

　　硫化物及其类似化合物为一系列金属元素与硫、铯、碲、砷、锑、铋的化合物，其中以硫化物为主。已发现约350种，其重量仅占地壳的0.15%，但主要的有色金属，如铜、铅、锌、汞、锑、铋、钼、镍、钴等均以硫化物为主要来源，故本大类矿物在国民经济中具有重要意义。

　　硫化物矿物主要是热液作用的产物，大多颜色鲜艳，硬度较低，在地表氧化环境中不稳定，易被氧化。

闪锌矿 Sphalerite

　　闪锌矿化学成分为硫化锌（ZnS），晶体属等轴晶系，晶体形态呈四面体或菱形十二面体，常成粒状集合体产出。颜色由无色到浅黄、褐黄到铁黑色，含铁量越多，颜色越深，条痕为白色、黄色、褐色，透明、半透明到不透明，金刚光泽或半金属光泽，硬度3～4，密度3.9～4.2 g/cm³，解理完全，性脆。

　　闪锌矿主要形成于热液作用，常与方铅矿紧密共生。

　　闪锌矿是炼锌的主要矿石。锌是重要的有色金属原材料，用作防腐

▶ 闪锌矿

蚀的镀层，广泛用于汽车、建筑、船舶、轻工等行业。

我国的云南、湖南、青海、内蒙古等地均有闪锌矿产出。其中湖南水口山出产了大量优质的闪锌矿晶体。

方铅矿 Galena

▶ 方铅矿单晶

方铅矿化学成分为硫化铅（PbS），属等轴晶系，晶体常以立方体晶形或八面体与立方体的聚形出现，集合体呈粒状或致密块状。颜色为铅灰色，条痕黑色。金属光泽，不透明。硬度2～3。密度7.5 g/cm³。解理完全，常裂成立方体小块，性脆。

方铅矿是自然界中分布最广的铅矿物。主要形

▶ 方铅矿集合体

成于热液作用,与闪锌矿密切共生,是提炼铅的主要矿石。

铅主要用于制造铅蓄电池,铅合金可用于铸铅字,做焊锡,铅还用来制造防放射性辐射、X射线的防护设备。

我国的云南、湖南、青海、内蒙古等地均有方铅矿产出。

黄铜矿 Chalcopyrite

黄铜矿化学成分为硫化铜-铁($CuFeS_2$),属四方晶系,但晶体常以假四面体出现。铜黄色,条痕黑色。不透明,金属光泽,硬度3~4,密度4.1~4.3 g/cm^3,无解理,断口参差状,性脆。

黄铜矿是分布最广的铜矿物,可形成于多种条件下,与磁黄铁矿、黄铁矿、方铅矿、石英、萤石、方解石等共生。

黄铜矿是炼铜的主要矿石之一。世界上生产的铜,主要应用在电器工业中。铜还可用来制作轴承、阀门以及高压蒸汽设备、医疗器械、光学仪器、装饰材料和各种日用器具等。

我国黄铜矿的主要产地集中在长江中下游地区、川滇地区、山西南部中条山地区、甘肃的河西走廊以及青藏高原等。其中以江西德兴、西藏玉龙等铜矿最为著名。

▶ 黄铜矿

磁黄铁矿 Pyrrhotite

▶ 磁黄铁矿

磁黄铁矿化学成分为硫化铁（$Fe_{1-x}S$），有不同的类型，因为铁经常不足，所以化学式写为$Fe_{1-x}S$。属六方晶系，晶体呈板状，通常呈块状或粒状产出。古铜色，条痕黑色，金属光泽，不透明。硬度4~4.5，密度4.55~4.87 g/cm³，无解理，断口参差状。

磁黄铁矿广泛产于内生矿床中。在与基性、超基性岩有关的硫化物矿床中为主要矿物。与黄铁矿、黄铜矿、黑钨矿、辉铋矿、毒砂、方铅矿、闪锌矿、石英等共生。具弱磁性。

磁黄铁矿在工业上主要用于提取硫及生产硫酸等。

中国甘肃金川、吉林盘石等铜镍硫化物矿床中均富产磁黄铁矿。

辰砂 Cinnabar

辰砂化学成分为硫化汞（HgS），属三方晶系，单晶呈菱面体形，并常呈矛头状双晶出现。集合体呈粒状或块状。深红色或橙红色，表面常附有橙黄色细粉，条痕红色，半透明，金刚光泽。硬度2~2.5，性脆，解理完全，密度8.1 g/cm³。

辰砂只产于低温热液矿床，常呈脉状充填于石灰岩、板岩、砂岩中。与石英、白云石共生。

辰砂是提炼汞的重要原料，属于毒性较大的矿物，并有镇静、催眠的药理作用，外用能扼杀皮肤细菌及寄生虫。

我国辰砂主要分布于贵州，贵州也以"汞矿之乡"著称，其次为湖南、四川、湖北、陕西、云南等地。其中湖南凤凰的茶田、杨倒坪出产了许多达到宝石级晶体的辰砂矿物。

▶ 辰砂

雄黄 Realgar

雄黄化学成分为硫化砷（AsS），属单斜晶系，单晶呈细小的柱状、针状，通常为致密粒状或土状块体。橘红色，条痕橘黄色。金刚光泽，断口为树脂光泽。硬度1.5～2，密度3.6 g/cm³，性脆，解理完全。遇日光易分解成黄色粉末。与辰砂的差别在于条痕色和密度不同。

雄黄主要见于低温热液矿床中或火山热液矿床中，与雌黄、方解石共生。

雄黄在工业上主要用于提炼元素砷和制造砷的化合物，高品位的雄黄也可作为中药使用。砷为剧毒元素，因此，含砷的雄黄和雌黄都是剧毒矿物。

　　我国目前已知的雄黄矿床主要分布于中南区和西南区,其中湖南慈利和石门交界的界牌峪以出产高品质的雄黄和雌黄而闻名。

▶ 雄黄

雌黄 Orpiment

▶ 雌黄—共生方解石晶体

雌黄化学成分为三硫化二砷（As_2S_3），属单斜晶系，单晶呈柱状，常呈柱状集合体或肾状集合体产出。柠檬黄色，条痕呈鲜黄色，半透明，金刚光泽至油脂光泽，硬度在1.5～2，密度是3.5 g/cm^3，薄片具挠性。解理极完全。在氧化条件下比雄黄稳定，遇日光不分解。

雌黄主要见于低温热液矿床中或火山热液矿床中，与雄黄、方解石共生。

雌黄在工业上主要用于提炼元素砷和制造砷的化合物，高品位的雌黄也可作为中药使用。

我国雌黄产地与雄黄相同。

辉锑矿 Stibnite

辉锑矿化学成分为三硫化二锑（Ab_2S_3），属斜方晶系，晶体呈柱状或针状，柱面具有明显的纵纹。铅灰色，金属光泽，不透明，条痕黑色，

▶辉锑矿   ▶辉锑矿晶簇

用条痕板摩擦条痕，条痕色由黑变为褐色。硬度2，密度4.6 g/cm³。性脆，解理完全。

辉锑矿是分布最广的锑矿物，主要产于中、低温热液矿床，常与石英、方解石等共生，为提炼锑的最主要的矿物。

中国是世界上最主要的产锑国。湖南、贵州、河南、广西、广东、云南等省都有辉锑矿床分布。

辉铋矿 Bismuthinite

▶辉铋矿与石英晶体共生

辉铋矿化学成分为三硫化二铋（Bi_2S_3），属斜方晶系，晶体呈柱状或针状，铅灰色到锡白色，金属光泽，不透明，条痕灰黑色，硬度$2\sim2.5$，密度6.8 g/cm³，解理完全。

辉铋矿为分布最广的铋矿物，主要见于高、中温热液矿床中，但有开采价值的大矿床却非常少，与黑钨矿、辉钼矿、黄玉、石英和毒砂等共生，是提炼铋的最主要的矿物原料。

辉铋矿广泛分布于为我国中南部的钨锡矿床中。

辉钼矿 Molybdenite

辉钼矿化学成分为三硫化二钼（Bi_2S_3），属六方晶系，通常多以片状、鳞片状或细小分散粒状产出。铅灰色，金属光泽，不透明。条痕亮灰色，用条痕板摩擦条痕，条痕呈黄绿色。硬度1，密度5 g/cm³，解理极完全。

辉钼矿是分布最广的钼矿物，主要产于高温和中温热液矿床中。与锡石、黑钨矿、辉铋矿、绿柱石、石英、毒砂等共生。

辉钼矿是提炼钼的最主要矿物原料。常含铼，是自然界已知含铼最高的矿物，也是提炼铼的最主要矿物原料。

中国辽宁、河南、山西、陕西等地均有辉钼矿产出。

▶ 辉钼矿集合体

黄铁矿 Pyrite

黄铁矿化学成分为二硫化铁（FeS_2），属等轴晶系，晶形常见，通常呈立方体、八面体和五角十二面体，也有呈球状、块状和圆饼状的集合体。浅铜黄色，条痕黑，不透明，金属光泽。硬度6～6.5，密度5 g/cm^3，无解理。因其颜色和光泽，常被误认为是黄金，故又称为"愚人金"。

▶ 黄铁矿立方体晶体穿插聚形　▶ 黄铁矿圆饼状集合体　▶ 黄铁矿球状集合体

黄铁矿是分布最广泛的硫化物矿物，在各类岩石中都可出现，是提取硫和制造硫酸的主要原料。

我国黄铁矿的探明资源储量居世界前列，我国湖南耒阳、广西、浙江衢州等地产精美的黄铁矿晶体和晶簇。

▶ 毒砂晶体聚形

毒砂 Arsenopyrite

毒砂化学成分为硫化铁-砷（FeAsS）属单斜晶系，晶体呈柱状，集合体呈粒状或致密块状。锡白色，金属光泽，条痕灰黑色，硬度5.5～6，密度6.2 g/cm^3。解理不完全。

毒砂主要形成于高温热液矿床中，是金属矿床中分布最广的原生砷矿物，与黑钨矿、锡石、水晶等共生。工业上主要用来制造砷化物。

我国毒砂矿主要分布于湖南、江西、云南等地。

氧化物和氢氧化物

氧化物和氢氧化物是一系列金属和非金属元素的阳离子与阴离子O^{2-}或OH^-相化合而形成的化合物。目前已发现矿物260多种，它们在地壳中广泛分布，按重量占地壳17%，其中石英分布最广，约占地壳重量的12.6%，铁的氧化物和氢氧化物占3~4%，其次为铝、锰、钛、铬的氧化物。

本大类矿物分布极广，在内生、外生、变质作用下均可形成。某些氧化物矿物可直接作为重要的工业原料和工艺原料而加以利用。如刚玉由于其高硬度而用以制作磨料和精密仪器的轴承；石英由于具有压电性质而被应用于无线电工业等；刚玉、石英以及尖晶石等矿物还是制作高中档宝石的原材料。

刚玉 Corundum（红宝石、蓝宝石）

刚玉化学成分为三氧化二铝（Al_2O_3），属三方晶系，晶体一般为蓝灰、黄灰、红和绿色，含少量的铬呈红色，含少量的铁和钛呈蓝色，红宝

▶ 红刚玉

▶ 蓝刚玉

石和蓝宝石是透明的红色和蓝色宝石级刚玉的别称。单晶多呈桶状双锥形,玻璃光泽,无解理,裂理发育,硬度9,密度3.98 g/cm³。

　　刚玉常产于高温、富铝、贫硅的伟晶岩中,并常见于冲积砂矿中。

　　刚玉可作为研磨材料及制造精密仪器的轴承,颜色鲜艳透明者可作贵重宝石,如红宝石、蓝宝石等。

　　我国刚玉主要产于海南的文昌县蓬莱和山东的昌乐。

赤铁矿 Hematite

　　赤铁矿化学成分为三氧化二铁(Fe_2O_3),属三方晶系,单晶体常呈菱面体和板状,集合体形态多样,有片状、鳞片状、粒状、肾状、土状、致密块状等。显晶质呈铁黑色至钢灰色,隐晶质呈暗红色,条痕樱红色,半金属至土状光泽,不透明,硬度变化大,结晶体硬度为5.5~6,土状、肾状等集合体硬度较低,无解理,密度5.0~5.3 g/cm³。无磁性,但在还原环境加热后可具磁性。

▶赤铁矿

▶云母赤铁矿

赤铁矿颜色多变，呈铁黑色、金属光泽的片状赤铁矿集合体称为镜铁矿；呈灰色、金属光泽的鳞片状赤铁矿集合体称为云母赤铁矿；呈红褐色、光泽暗淡的称为赭石；呈鲕状或肾状的赤铁矿称为鲕状或肾状赤铁矿。

赤铁矿是一种广泛分布的矿物，它产于各种不同成因和类型的矿床和岩石中，大多是在氧化的环境中形成。与磁铁矿、石英等多种矿物共生。

赤铁矿是自然界分布极广的铁矿物，是重要的炼铁原料，也可作矿物颜料使用。中国著名赤铁矿产地有辽宁鞍山、甘肃肃南镜铁山、湖北大冶、湖南宁乡、河北宣化、安徽繁昌等地。

▶鲕状赤铁矿

金红石 Rutile

金红石化学成分为二氧化钛（TiO_2），属四方晶系，通常呈带双锥的柱状或针状晶体，柱面常有纵纹。常呈褐色、黄色、黑色、红色，条痕为浅黄褐色，金刚光泽，透明到不透明，硬度6，密度4.2～4.3 g/cm³，解理完全。

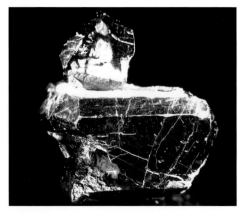

▶金红石

金红石显微针状晶体常被包裹于石英、金云母、刚玉等晶体中，尤其在刚玉中呈六射星形分布形成星光红宝石和星光蓝宝石。

▶星光蓝宝石

金红石的分布很广，形成于高温条件下，主要产于变质岩的石英脉和伟晶岩脉中。此外，经常以岩浆岩的副矿物出现，也常呈粒状见于片麻岩中。金红石是一种重要的金属和非金属矿物，从其中提炼的金属钛，由于具有耐高温、耐低温、耐腐蚀、高强度、小密度等优异性能，被广泛用于军工、航空、航天、航海、机械、化工、海水淡化等方面。

我国金红石矿床主要分布在湖北、山西、山东、河南、陕西、安徽、江苏等地。其中安徽的凤阳、山西的代县碾子沟、陕西的镇坪、四川的汉源等地有宝石级金红石产出。

锡石 Cassiterite

锡石化学成分为二氧化锡（SnO_2），属四方晶系，单晶体常呈双锥短柱状，膝状双晶普遍，集合体多呈粒状。纯净锡石近乎无色，一般呈黄褐色、褐色、黑

▶ 锡石双锥短柱状单晶体

▶ 宝石级锡石

色，条痕淡黄到浅褐色。金刚光泽，半透明至不透明，硬度6～7，密度6.8～7.1 g/cm³。不完全解理。

▶ 锡石膝状双晶

▶ 锡石共生方解石

锡石的形成主要与酸性火成岩有关，与石英、云母、绿柱石、黄玉、长石、毒砂等共生。

锡石是提取锡的最主要原料矿物。黄褐色至暗褐色的完好晶体可作宝石。

中国锡石的产地主要分布于云南、广西及南岭一带，可用作宝石资源的主要是云南，其次是四川、广西、江西等地。

软锰矿 Pyrolusite

软锰矿化学成分为二氧化锰（MnO_2），属四方晶系。常呈针状、棒状、放射状出现，也常呈土状、结核状、粉末状集合体产出。其中呈树枝状似化石的形态长于岩石的裂隙面的，俗称假化石。通常为铁黑色，条痕黑色，半金属至金属光泽，不透明，硬度1～2，摸之污手，密度4.7～5 g/cm³。解理完全。

软锰矿是最普通的锰矿物，也是提炼锰的重要的矿石矿物，是在强烈氧化条件下形成的。除呈矿巢或矿层产于残留黏土中外，主要在沼泽中以及湖底、海底和洋底形成沉积矿床。

中国湖南、广西、辽宁、四川等地有产出。

▶ 软锰矿

石英 Quartz （水晶、芙蓉石、石髓、玛瑙、蛋白石、欧泊、木变石、虎眼石）

石英的化学成分为二氧化硅（SiO_2），结晶完美时也叫水晶。其中以常温常压下稳定的低温石英（α-石英）最为常见。而高温石英（β-石英）仅存在于573 ℃以上，当温度低于573 ℃时，高温石英（β-石英）便向低温石英（α-石英）转变，所以人们只能见到低温石英（α-石英）。

▶ 水晶

低温石英（α-石英）属三方晶系，常呈带尖顶的六方柱状晶体产出，柱面有横纹，类似于六方双锥状的尖顶实际上是由两个菱面体单形所形成的。石英集合体通常呈粒状、块状或晶簇状。

▶ 水晶晶簇

▶带有明显柱面横纹的黄水晶

纯净的石英无色透明,条痕为白色,有玻璃光泽,贝壳状断口上具油脂光泽,无解理,硬度7,密度2.65 g/cm³。受压或受热能产生电效应。

石英因粒度、颜色、包裹体等不同而有许多变种。无色透明的石英称为水晶,紫色水晶俗称紫晶,烟黄色、烟褐色至近黑色的俗称茶晶、烟晶或墨晶,玫瑰红色的俗称芙蓉石。

▶ 带有明显柱面横纹的墨晶

▶ 芙蓉石

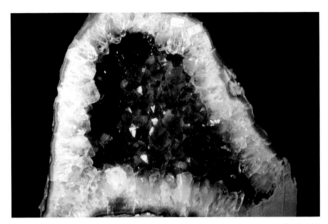

▶ 紫水晶晶洞

　　呈肾状、钟乳状的隐晶质石英称石髓，具不同颜色同心条带构造的晶腺叫玛瑙，玛瑙晶腺内部有明显可见的液态包裹体的俗称水胆玛瑙，雨花石是玛瑙破碎后在河床中经过长期磨蚀形成的。

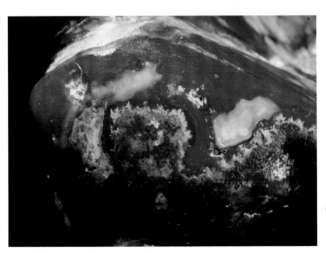

▶ 石髓

▶ 雨花石

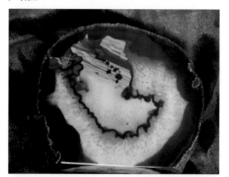

▶ 玛瑙

▶ 虎眼石手串

石英的用途很广。无裂隙、无缺陷的水晶单晶用作压电材料，制造石英谐振器和滤波器。一般石英可作为玻璃原料、建筑材料和研磨材料。紫色、粉色的石英和玛瑙还可作雕刻工艺美术的原料。此外，青石棉被石英交代后形成的致密纤维状块体称作木变石，蓝色的木变石也叫鹰眼石，由于含氧化铁杂质而呈褐黄色的木变石也叫虎眼石。

石英是最重要的造岩矿物之一，在火成岩、沉积岩、变质岩中均有广泛分布。

中国的海南、江苏、四川、山西、山东、新疆、内蒙古、广东等省区均有水晶产出。

尖晶石 Spinel

尖晶石的化学成分为氧化镁-铝（$MgAl_2O_4$），属等轴晶系。单晶体常呈八面体晶形，无色者少见，通常呈红色、绿色、褐黑色。条痕为白色，透明到不透明。有玻璃光泽，硬度8，无解理，密度3.5～4.1 g/cm^3。

尖晶石形成于各种变质岩，包括蛇纹岩、片麻岩和大理岩，也可形成于基性岩。与镁橄榄石、透辉石、磁铁矿等共生。

尖晶石自古以来就是较珍贵的宝石。由于它的美丽和稀少而成为世界上最迷人的宝石之一。它具有美丽的颜色，自古以来人们一直把它误

▶ 尖晶石

认为是红宝石。1660年，一粒被称作"黑色王子红宝石"的红色尖晶石镶在了英帝国国王的皇冠中心最显眼的地方，直到近代才被鉴定出来。

我国尖晶石主要产于云南瑞丽、江苏六合、福建建宁、河北张家口、新疆阿尔泰等地。

磁铁矿 Magnetite

磁铁矿的化学成分为四氧化三铁（Fe_3O_4），属等轴晶系，晶体呈八面体或菱形十二面体，集合体为致密块状或粒状。颜色为铁黑色，条痕呈黑色，有半金属至金属光泽，不透明，无解理，硬度$5.5\sim6$，密度$4.9\sim5.2$ g/cm³。氧化后变为赤铁矿或褐铁矿。具强磁性，在矿物中磁性最强，能被永久磁铁吸引，中国古代的指南针就是利用这一特性制成的。

▶ 磁铁矿

磁铁矿分布广泛，产生于高温或还原环境中。在各种岩浆岩、变质岩中分布较普遍。作为碎屑物质在沉积岩中也很常见。与斜长石、辉石、石榴石等共生。

磁铁矿含铁高，易磁选，是最为重要的炼铁矿物。我国分布广泛，主要产地有四川攀枝花、湖北大冶、海南昌江、内蒙古白云鄂博、江苏南京、辽宁鞍山等地。

黑钨矿 Wolframite

黑钨矿又称钨锰铁矿，其化学成分为钨酸铁-锰（（Fe，Mn）WO_4），属单斜晶系，多呈板状、柱状或粒状集合体产出。褐黑色到铁黑色，条痕褐色，有半金属光泽，不透明，硬度4～4.5，密度7.2～7.5 g/cm^3，解理完全。

黑钨矿主要产于高温热液石英脉中，与锡石、辉钼矿、石英、毒砂、黄铜矿、辉铋矿等共生。

黑钨矿是炼钨最主要的矿物原料，用于生产钨的各种深加工产品。

▶ 黑钨矿与石英共生

我国是世界上最主要的产钨国家，黑钨矿产量居世界第一。主要分布于赣南、湘东、粤北一带。

铝土矿 Bauxite

铝土矿的化学成分为含水氧化铝（$Al_2O_3 \cdot nH_2O$），由多种铝的氢氧化物形成的矿物集合体。通常呈鲕状、豆状、肾状、致密块状集合体产出。颜色变化大，一般为灰白色到浅黄褐色或砖红色、红褐色。条痕白色。有土状光泽，不透明。硬度1～3，密度2.3～2.7 g/cm^3，看不到解理。用口呵气后有土腥味。

铝土矿为表生作用的产物。是炼铝的重要原料，用于国防、航空、汽车、电器、化工、日常生活用品等，用途十分广泛。

我国铝土矿分布高度集中，主要分布于山西、贵州、河南和广西4个省区。

▶ 铝土矿

褐铁矿 Limonite

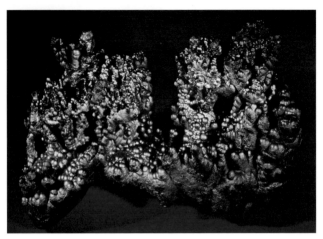

▶褐铁矿

  褐铁矿的化学成分为含水氧化铁（$Fe_2O_3 \cdot nH_2O$），是由多种铁的氢氧化物形成的矿物集合体。通常呈块状、钟乳状、葡萄状、土状、疏松多孔状或粉末状集合体产出。黄褐色到黑褐色，条痕黄褐色到红褐色，有土状光泽，不透明。硬度5~5.5，密度2.7~4.3 g/cm³，看不到解理。

  在风化作用中，褐铁矿是由含铁的矿物氧化而成的。

  褐铁矿的含铁量虽低于磁铁矿和赤铁矿，但因它较疏松，易于冶炼，所以也是重要的铁矿石。大量堆集时，可作为铁矿开采，也可用于制作矿物颜料。

  我国的褐铁矿主要分布于河北、河南、辽宁、黑龙江、湖北等地。

硬锰矿 Psilomelane

  硬锰矿的化学成分为含水氧化锰（$mMnO \cdot MnO_2 \cdot nH_2O$），是由多种锰的氧化物和氢氧化物形成的矿物集合体。通常呈钟乳状、葡萄状、肾状产出。颜色和条痕均为黑色，有半金属到土状光泽，不透明，硬度4~6，密度4.4~4.7 g/cm³，看不到解理。

硬锰矿主要为外生成因，形成于沉积锰矿床的氧化带。硬锰矿进一步氧化脱水后，就形成软锰矿。

硬锰矿是提炼锰的重要矿石。可以用于制造各种含锰盐类；用于制取电池、火柴、印漆、肥皂等；用于玻璃和陶瓷的着色剂和褪色剂；还广泛应用于国防工业、电子工业以及环境保护和农牧业等行业，在国民经济中具有十分重要的战略地位。

我国硬锰矿主要产于浙江、江西等地。

▶ 硬锰矿

硅酸盐

硅酸盐矿物指的是硅、氧与其他化学元素（主要是铝、铁、钙、镁、钾、钠等）结合而成的化合物的总称。它在地壳中分布极广，是构成多数岩石（如花岗岩）和土壤的主要成分。它们大多数熔点高，化学性质稳定，是硅酸盐工业的主要原料。硅酸盐制品和材料广泛应用于各种工业、科学研究及日常生活中。

47

锆石 Zircon

锆石的化学成分为硅酸锆（$ZrSiO_4$），属四方晶系，也叫风信子石。晶体呈短柱状，通常为四方柱、四方双锥状。纯净者无色，通常呈红色、黄色、绿色、蓝色、褐色等，条痕白色，透明，色散高，有金刚光泽到油脂光泽。无解理。硬度7～8，密度4.6～4.7 g/cm^3。

▶ 锆石

锆石在各种岩浆岩中作为副矿物产出，尤其以花岗岩、碱性岩以及有关的伟晶岩中最为常见。

锆石是地球上形成最古老的矿物之一。因其稳定性好而成为同位素地质年代学最重要的定年矿物。已测定出最老的锆石形成于43亿年以前。它还是提取锆和铪的主要矿物原料，并可综合利用其中的放射性矿物等。

锆石是一种性质特殊的宝石，由于它有较高的折光率和较强的色散，无色或淡蓝色的品种加工后，可以像钻石一样具有较强的出火现象，因而被誉为可与钻石媲美的宝石。

我们在商场里看到的一些钻石的替代品——某些营业员声称的锆石，并不是我们所说的天然锆石，而是一种人工合成的立方氧化锆，简称CZ，价格远低于天然锆石，是钻石的一种最常见的替代品，请勿将它与天然锆石混淆。

中国锆石分布较广，主要发现于福建、海南、新疆、辽宁、江苏、山东等地，其中福建明溪、海南文昌、新疆阿尔泰等地均发现有宝石级优质锆石。

橄榄石 Olivine

化学成分为$(Mg, Fe)_2SiO_4$，属斜方晶系，是一种镁与铁的硅酸盐，它是地球中最常见的矿物之一。晶体呈现短柱状或厚板状。因颜色如橄榄绿而得名，宝石级的橄榄石又称贵橄榄石（Peridot），通常为黄绿色到深绿色，条痕白色，有玻璃光泽，透明，硬度6.5～7，密度3.27～4.32 g/cm³，解理不完全。

橄榄石主要形成于超基性岩和基性岩，也见于大理岩，但极少与石英共生。

优质橄榄石呈透明的橄榄绿色或黄绿色，清澈秀丽的色泽十分赏心悦目，故常常作为宝石用于首饰制造，象征着和平、幸福、安详等美好意愿，是8月份的生辰石。

▶ 橄榄石

▶ 国宝石级橄榄石

　　我国河北张家口地区万全一带和吉林蛟河市大石河一带林区有优质的橄榄石产出。

石榴石 Garnet

　　石榴石的化学成分为$A_3B_2[SiO_4]_3$，A为镁、铁、锰、钙等二价阳离子，B为铝、铁、铬等三价阳离子。属等轴晶系，常见结晶形态为菱形十二面体、四角三八面体及聚形。由于石榴石晶体与石榴籽的形状、颜色十分相似，故名"石榴石"。

　　石榴石的化学成分较为复杂，不同元素构成不同的组合，分铝、钙两大系，有镁铝、铁铝、锰铝榴石和钙铝、钙铁、钙铬榴石这六个品种。颜色多样，常见者为红色至红褐色，其次有橙色、褐色、黑色、绿色、黄色

▶ 菱形十二面体石榴石

等，条痕白色，有玻璃光泽，硬度7~7.5，密度3.53~4.32 g/cm³，无解理。

石榴石主要产于变质岩中，化学性质稳定。多数宝石级石榴石发现于冲积砂矿中。

石榴石主要用于制造研磨材料，如砂轮、砂纸的原料，透明色艳者可做中高档宝石。其中翠绿色的翠榴石和翠绿色铬钒铝榴石（又叫作沙弗莱石）价值很高，质优者可与祖母绿相比。红色、橙红色石榴石也很珍贵，橙色的桔榴石（也叫锰铝榴石）最近几年价格上涨较快。

石榴石的产地分布广泛，主要集中在我国新疆、广东、广西、黑龙江、山东、内蒙古等地，其中福建的云霄有优质的锰铝榴石产出。

▶ 石榴石聚形晶体

▶ 石榴石晶体集合体

蓝晶石 Kyanite

蓝晶石的化学成分为硅酸铝（$Al_2[SiO_4]O$），属三斜晶系，单晶体常呈条板状，一般为浅蓝色，条痕白色，透明到半透明，有玻璃光泽，密度3.56～3.68 g/cm^3，解理完全。硬度具有明显的异向性，垂直于解理面的硬度为6，平行于解理面硬度为4.5，故又名二硬石。

▶ 蓝晶石

蓝晶石为区域变质作用的产物，是结晶片岩中的典型矿物，是由富铝岩石在相当大的压力下变质形成的，常与十字石、石榴石、云母、石英共生。

蓝晶石用来制造优良的高级耐火材料、耐火砂浆、水泥及铸造耐火制品以及塑料捣打混合料、技术陶瓷、汽车发动机的火花塞、绝缘体、球磨机球体、试验器皿、耐震物品等，并可用电热法炼制硅铝合金，应用于飞机、汽车、火车、船舶的部件上。

中国已在山西、河北、河南、江苏、四川和云南等地发现蓝晶石资源，如山西繁峙、原平、灵丘等地就产蓝晶石，尤以绿泥石片岩中所产质量为佳。

红柱石 Andalusite

红柱石的化学成分为（$Al_2[SiO_4]O$），属斜方晶系，晶体常呈柱状，横断面近正方形。颜色常呈灰白色或肉红色，条痕白色，透明到微透明，有玻璃光泽，硬度6.5~7.5，密度3.1~3.2 g/cm³，中等解理。

▶ 红柱石

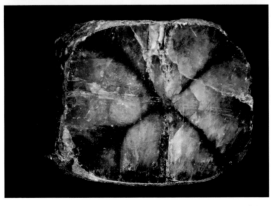

▶ 空晶石

红柱石有一个变种叫空晶石。在空晶石的剖面会呈现出黑色的十字结构。这种十字结构是红柱石在形成时吸收了一些碳和黏土所致。这种空晶石常被制成人们佩带的小饰物。

红柱石是典型的变质作用成因的矿物，常见于接触变质带的泥质岩中。红柱石常与云母、绿泥石、石英等共生。

红柱石是目前已知的优质耐火材料之一。它除用作冶炼工业的高级耐火材料、陶瓷工业的原料以外，还可冶炼高强度轻质硅铝合金，制作金属纤维用于超音速飞机和宇宙飞船。其中颜色鲜艳透明的红柱石可做宝石，有很高的观赏和收藏价值。

中国已在辽宁、吉林、山东、河南和江西等地发现了红柱石矿床，其中以河南西峡桑坪乡到军马河乡所产红柱石（空晶石）为佳。

十字石 Staurolite

十字石的化学成分为含水硅酸铁-铝（$Fe_2Al_9[SiO_4]_4O_7(OH)_2$），属单斜晶系，单晶呈短柱状，常呈十字形双晶，故名十字石。颜色为红褐色、黄褐色、褐黑色，条痕无色到浅灰色，有玻璃光泽，半透明到不透明，硬度7~7.5，密度3.74~3.88 g/cm³，中等解理。

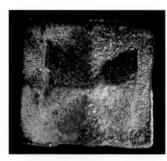

▶十字石

▶十字石的十字形双晶

十字石形成于区域变质岩中，常见于云母片岩、千枚岩、片麻岩中，与石英、云母、石榴石、蓝晶石等共生。

十字石具有地质意义，是中级变质作用的标型矿物。十字石的十字形双晶常被制成人们佩带的小饰物。透明的十字石非常稀有，可作宝石、矿物研究及收藏。

我国有多处变质岩区产出十字石，如河南、河北、内蒙古等地。

黄玉 Topaz

黄玉的化学成分为含水–氟硅酸铝（$Al_2[SiO_4]$ (F, OH)$_2$），属斜方晶系，也叫托帕石，晶体多呈斜方柱状，柱面常具纵纹。颜色多为无色到浅黄色，少见酒黄色、蓝色、绿色、红色。条痕白色，硬度8，密度3.49～3.6 g/cm^3，解理完全。

黄玉是由火成岩在结晶过程中排出的蒸气形成的，一般产于流纹岩和花岗岩的孔洞中。常与锡石、云母、石英、萤石等共生。由于它经常与锡矿石伴生在一起，因此可作为寻找锡矿石的标志。

黄玉可作为研磨材料，也可作仪表轴承。透明且漂亮的黄玉属于名贵的宝石。深红色者品质最佳，价格昂贵；其次为粉红色、蓝色和黄色；无色者价值最低。

我国内蒙古阿拉善左旗、新疆阿尔泰、云南哀牢山等地产大量无色的黄玉，经中子辐射、电子加速器轰击、钴（Co）60照射及加热的方法处理，可变成漂亮的天蓝色。

▶黄玉单晶体

▶ 打磨成形的无色黄玉

榍石 Sphene

榍石的化学成分为硅酸钙–钛（$CaTi[SiO_4]O$），属单斜晶系，晶体呈扁平的楔形（信封状），横断面为菱形，常见棕黄色、褐色、黄色、绿色少见，条痕白色，透明到微透明，有金刚光泽，硬度5～5.5，密度3.29～3.56 g/cm^3，中等解理，性脆。

▶ 榍石

　　榍石常作为副矿物产于岩浆岩中,在碱性伟晶岩中常有粗大的晶体产出。与长石、霞石、钠辉石、锆石、磷灰石共生。

　　榍石有华美的外表,色散高过钻石,火彩强烈,常作为宝石使用。有很高的观赏和收藏价值,尤以绿色者为佳。

　　我国已在新疆的阿克陶、江苏的东海等地发现宝石级榍石资源。

绿帘石 Epidote

　　绿帘石的化学成分比较复杂,属于含铁铝钙的硅酸盐,分子式为 $Ca_2Al_2 (Fe^{3+}, Al) [SiO_4] [Si_2O_7]O (OH)$,属单斜晶系,晶体常呈柱状,柱面有纵纹,集合体常呈柱状、粒状、厚板状。颜色为黄绿色到黑绿色,条痕白色到浅黄绿色或浅灰色,有玻璃光泽,透明到微透明,硬度6.5,密度3.21～3.49 g/cm³,解理完全。在透射光下有极强的多色性,即在一个方向上为黄绿色,另一个方向上为浅黄色或浅褐色。

▶绿帘石　　　　　　　　　　　　▶宝石级绿帘石

　　绿帘石的形成与热液作用有关,其广泛分布于变质岩、矽卡岩和受热液作用的各种岩浆岩中。

　　绿帘石一般只具有矿物学和岩石学意义,是常见的蚀变矿物。透明的绿帘石晶体可以作为宝石原料。

　　中国的绿帘石分布较广,主要有河北的涉县和武安、河南安阳、陕西商洛等地。

黝帘石 Zoisite

黝帘石的化学成分为钙铝硅酸盐（$Ca_2Al_3[SiO_4][Si_2O_7]O(OH)$），属斜方晶系，晶体常呈柱状，柱面有纵纹，集合体常呈柱状、粒状。颜色为褐色、灰色、绿色、蓝色、紫色，条痕白色，有玻璃光泽，透明到半透明，硬度6～7，密度3.15～3.37 g/cm³，完全解理。

地壳里的黝帘石为区域变质和热液蚀变作用的产物，常与长石、阳起石、绿泥石、云母、石榴石、绿帘石等共生。

自20世纪60年代在坦桑尼亚发现了紫蓝色和蓝色的黝帘石变种"坦桑石"（Tanzanite）之后，黝帘石在宝石中的地位日益提高，如今已成为中高档宝石中的重要一员。

黝帘石和绿帘石都是绿帘石族宝石中常见的矿物，黝帘石可含有钒、铬、锰等微量元素，折射率为1.69～1.70；绿帘石可含有铁、锰、镁、钛等微量元素，折射率为1.729～1.768。因此要把黝帘石与绿帘石区别开来，除了折射率不同外，鉴定晶体中是否含有铁元素也可以区分。

中国已在河南、云南等地发现黝帘石。

▶黝帘石

异极矿 Hemimorphite

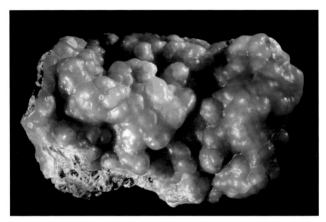

▶异极矿

异极矿的化学成分为$Zn_4[Si_2O_7](OH)_2 \cdot H_2O$，属斜方晶系，单晶体为板状，但少见，常见皮壳状、肾状、钟乳状集合体。颜色为白色、蓝色、浅绿、浅黄、褐色等，条痕白色，有玻璃光泽，透明到半透明，硬度4.5~5，密度3.4~3.5 g/cm³，解理完全，集合体常见参差状到贝壳状断口。

异极矿主要产于铅锌矿床的氧化带上，呈脉状产出。异极矿通常产于石灰岩内，与闪锌矿、菱锌矿、白铅矿、褐铁矿等共生。

异极矿在工业上可以用于提炼锌以及制造锌粉和氧化锌、氯化锌等，颜色漂亮的可以用作宝石或用于玉雕材料。

我国的异极矿主要在云南个旧的锡石-硫化物多金属矿床氧化带，广西和湖南锡石-硫化物矿床、青海锡铁山铅锌矿床氧化带等矿区有产出。

符山石 Vesuvianite

符山石的化学成分比较复杂，分子式为$Ca_{10}(Mg,Fe)_2Al_4[SiO_4]_5$ $[Si_2O_7]_2(OH)_4$，属四方晶系，晶体呈四方柱状、四方板状，集合体多呈粒状。颜色为绿色、棕色、褐黄色，条痕白色，有玻璃光泽，透明到半透

明，硬度6.5，密度3.33～3.45 g/cm³，解理不完全。

　　符山石主要产于接触交代的矽卡岩中，是标准的接触变质矿物。与石榴子石、透辉石、硅灰石、绿帘石等共生。

　　符山石具有矿物学和岩石学意义，是常见的造岩矿物。透明的符山石可做宝石，色泽鲜艳致密的符山石可作玉雕材料。

　　中国已在河北涉县、广西富钟、云南个旧、青海乌兰等地发现符山石。

▶ 符山石

绿柱石　Beryl （祖母绿、海蓝宝石、金绿柱石、红绿柱石、绿柱石猫眼）

　　绿柱石的化学成分为铝硅酸铍（$Be_3Al_2[Si_6O_{18}]$），属六方晶系，晶体呈六方柱状、六方板状，颜色为绿色、浅蓝色、红色、粉色、黄色、无色等多种颜色，条痕白色，有玻璃光泽，透明，硬度7.5～8，密度2.63～2.91 g/cm³，解理不完全。

　　绿柱石主要产于花岗伟晶岩及高温热液矿脉中，同云母、磷灰石、水晶、长石等共生。

　　自古以来绿柱石就被看作是珍贵的宝石，纯绿色的被称为祖母绿（Emerald），蓝色的叫海蓝宝石（Aquamarine），粉色的称为艳绿柱石（Morganite），亮黄色的称为金绿柱石（Golden beryl），红色的称为红绿柱石（Red beryl），加工成素面，具有特殊光学猫眼效应的称为绿柱石猫眼（Cat's eye beryl）。某些质量不好的绿柱石也可作为工艺用的雕刻材料。

▶ 透明绿柱石

绿柱石还是提炼铍的重要矿物，铍有"空间金属"之称，广泛应用于航空、导弹、宇航和原子能工业。

　　中国的绿柱石主要产于新疆阿尔泰、云南哀牢山、四川平武、湖南平江、内蒙阿拉善左旗、甘肃阿克塞、青海乌兰县、山西盂县等地，从矿产资源来看，新疆绿柱石资源丰富，居全国绿柱石之首，其次为云南和内蒙古。

▶ 金绿柱石

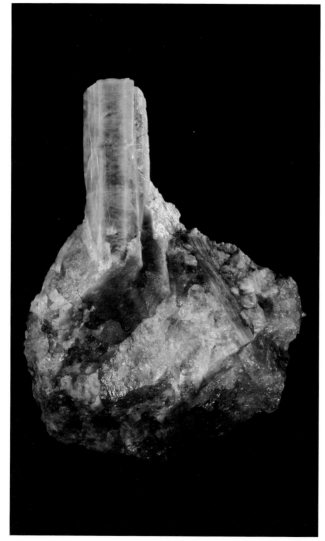

▶祖母绿

▶红绿柱石

董青石 Cordierite

董青石的化学成分为$Al_3(Mg，Fe)_2[AlSi_5O_{18}]$，属斜方晶系，晶体呈短柱状或粒状，无色或灰色，常带有浅蓝、浅紫色调，条痕白色，有玻璃光泽，透明到半透明，硬度7~7.5，密度2.53~2.78 g/cm^3，中等解理，性脆。

董青石主要产于片麻岩或含铝量较高的片岩中，是典型的热液矿物。常与石榴石、红柱石、石英、矽线石、云母等共生。

董青石中颜色美丽透明者，可作为宝石。一般宝石级的董青石多呈蓝色和紫色。有时也作为工艺用雕刻原料。

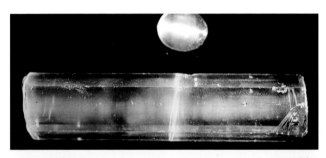

▶ 董青石

▶ 蓝色董青石

世界上主要以斯里兰卡、澳大利亚、马达加斯加出产的董青石质量最好，我国董青石产于台湾绿岛和兰屿的安山岩，以及北部纱帽山和宜兰外海龟山岛的安山岩中。

电气石 Tourmaline〔碧玺〕

电气石的化学成分为$(Na,Ca)(Mg,Fe,Mn,Li,Al)_3Al_6[Si_6O_{18}]$ $[BO_3]_3(OH,F)_4$，属三方晶系，又称为碧玺。晶体常呈柱状，晶体两端的晶面不同，柱面上常见纵纹，晶体的横断面呈弧面三角形，集合体常见棒状、放射状。颜色种类极多，几乎涵盖了自然界中的各种色系，有粉色、红色、黄色、绿色、蓝色、紫色、无色、黑色等各种颜色及其过渡色。条痕白色，有玻璃光泽，透明到不透明，硬度7~7.5，密度$3.03\sim3.25$ g/cm^3，无解理。

电气石形成于花岗岩和伟晶岩以及一些变质岩中，与石英、长石、绿柱石、云母、黄玉、磷灰石、锂辉石等多种矿物共生。

▶ 电气石

▶带有明显纵面晶面条纹的电气石

▶ 电气石多变的颜色

电气石色泽鲜艳、清澈透明者可作为中高档的宝石原料,有很高的价值。压电性良好的可用于无线电工业,并且可用于陶瓷、保健品、衣料、烟草等行业。

我国电气石资源主要分布于新疆阿尔泰、内蒙古乌拉特中旗以及云南的高黎贡山、澜沧江一带和哀牢山等地,此外,陕西、广东、广西、四川等地也有发现。

普通辉石 Augite

普通辉石的化学成分为(Ca,Na) (Mg,Fe^{2+}, Al,Fe^{3+})[(Si,Al)$_2$O$_6$],属单斜晶系,晶体呈短柱状,常呈块状、粒状集合体产出。颜色为黑色或褐黑色,条痕白色,有玻璃光泽,透明到微透明,硬度5~6,密度3.2~3.6 g/cm^3,中等解理。

普通辉石主要形成于多种基性岩浆岩和超基性岩浆岩,与斜长石、橄榄石、角闪石、绿泥石、方解石、绿帘石等共生。

普通辉石是最主要的造岩矿物,大量应用于矿产、建筑材料,装饰材料中。某些透明的普通辉石可用作宝石。

我国普通辉石分布广泛,在各种岩浆岩中都有分布。在河北张家口地区发现有宝石级普通辉石产出,另外在河南、辽宁、黑龙江等地也有宝石级普通辉石发现。

▶ 普通辉石

锂辉石 Spodumene

锂辉石的化学成分为$LiAl[Si_2O_6]$，属单斜晶系，晶体常呈柱状、短柱状、粒状或板状。颜色为灰白、灰绿、紫色、黄色、粉红色等，其中紫色的叫紫锂辉石（Kunzite），条痕白色，有玻璃光泽，透明到半透明，硬度6~7，密度3.03~3.22 g/cm³，解理完全。

▶ 锂辉石

锂辉石主要形成于富锂的花岗伟晶岩中,与绿柱石、石英、云母、长石、电气石等共生。

锂辉石是工业上提炼锂的优质矿源,锂常被人们誉为"金属味精",在新技术、军工和民用中应用广泛。锂是生产氢弹不可缺少的原料,又可作为核聚变的燃料和冷却剂。常作为高能燃料用于火箭、飞机或潜艇上。锂能与多种元素制成合金,用于原子能、航空、航天等工业。用锂制作锂电池和锂离子电池是现代最有前途的高能高效电池。其中色彩优美且晶体透明的锂辉石则用来制作宝石。

▶ 紫锂辉石

中国的锂辉石主要分布在新疆阿尔泰及西昆仑地区。另外,我国的四川康定、河南卢氏也有发现。

蔷薇辉石 Rhodonite

蔷薇辉石的化学成分为$Ca(Mn,Fe)_4[Si_5O_{15}]$,属三斜晶系,晶体少见,通常为粒状、块状集合体。颜色主要为蔷薇红、粉红、棕红等,表面常带有褐色或黑色的氧化锰斑纹,也叫桃花石。条痕白色,半透明到不透明,有玻璃光泽,硬度5.5~6.5,密度3.5~3.7 g/cm³,解理完全,集合体为不平坦状断口。

71

▶ 蔷薇辉石

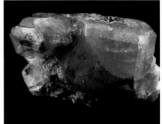

▶ 宝石级蔷薇辉石

蔷薇辉石主要形成于富含锰的变质岩以及交代矿床,与石英、菱锰矿等共生。

蔷薇辉石因颜色浓艳,质地坚固致密,常用作中档宝玉石的雕刻材料,表面经研磨后显出抽象图景,甚具观赏价值。

中国的蔷薇辉石主要分布于北京昌平县西湖村、吉林的汪清县、陕西的商洛、青海的乌兰县等地方。

角闪石 Hornblende

角闪石的化学成分为$(Ca,Na)_2$ $(Mg,Fe,Al)_5[(Si,Al)_4O_{11}]_2(OH)_2$,属单斜晶系,晶体呈柱状,断面呈假六方形或菱形。黑色或黑绿色,条痕白色,半透明到不透明,有玻璃光泽,硬度$5.5～6$,密度$3.1～3.3$ g/cm^3,解理完全。

角闪石分布极广,在岩浆岩、沉积岩、变质岩中均有产出,以岩浆岩产出最多。

角闪石是重要的造岩矿物,大量应用于矿产、建筑材料、装饰材料中。

▶ 角闪石

我国角闪石分布广泛,各省区均有产出,其中在湖北均县发现宝石级角闪石,其价值有待研究。

硅灰石 Wollastonite

硅灰石的化学成分为$Ca[SiO_3]$，属三斜晶系，晶体少见，通常呈放射状、纤维状、片状、块状集合体。颜色为白色、灰白色，条痕白色，透明到半透明，玻璃到丝绢或珍珠光泽，硬度4.5~5，密度2.8~2.9 g/cm³，解理完全，锯齿状断口。

硅灰石是典型的变质矿物，主要产于大理岩和矽卡岩中，与透闪石、石榴石等共生。

硅灰石主要应用于陶瓷、塑料、石棉替代品、冶金、涂料等部门，还可替代石棉用于制造摩擦材料、绝缘材料和阻燃剂。

我国的硅灰石产量居世界第一位，已在吉林、湖北、广东、江西、内蒙、青海等地发现大量的资源。

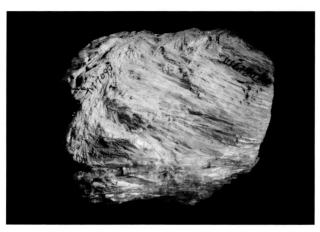

▶ 硅灰石

滑石 Talc

滑石的化学成分为$Mg_3[Si_4O_{10}](OH)_2$，属单斜晶系，通常呈鳞片状、块状、纤维状集合体出现。颜色为白色、浅黄色、粉红色、灰绿色等，条痕白色，半透明，集合体为珍珠光泽，硬度1，密度2.7~2.8 g/cm³，解理

▶ 滑石

▶ 滑石工艺品

完全，块状集合体呈贝壳状或参差状断口，手摸有滑感。

滑石由富镁的超基性岩和白云岩经水热变质作用形成，与菱镁矿、白云石、蛇纹石、透闪石等共生。

滑石主要用作造纸、橡胶、塑料、陶瓷等化工行业的填充剂和润滑剂，色泽光亮，块大的滑石可用于雕刻材料。

我国在辽宁、吉林、河北、河南、山东、江西、四川等地发现大量滑石矿，其中辽宁的海城、河南的方城县都是著名的滑石产区。

叶腊石 Pyrophyllite（寿山石、青田石）

叶腊石的化学成分为$Al_2[Si_4O_{10}](OH)_2$，属单斜晶系，通常呈鳞片状、块状、纤维状集合体出现。颜色为白色、浅黄色、粉红色、灰绿色等，条痕白色，半透明，集合体为珍珠光泽，硬度1，密度$2.65\sim2.9$ g/cm³，解理完全，块状集合体呈贝壳状或参差状断口，手摸有滑感。

▶ 青田石

叶腊石由富铝的酸性岩浆岩经水热变质作用形成,与石英、长石、云母等共生。

叶腊石同滑石非常相似,可用酸度法区别,将矿物放于条痕板上滴一滴水研磨1 min,pH为6是叶腊石,pH为9是滑石。

叶腊石的用途与滑石相同。我国福建的寿山石与浙江的青田石主要是由叶腊石组成,是非常珍贵的工艺材料,也是上等的章料。

▶寿山石工艺品

▶青田石工艺品

葡萄石 Prehnite

葡萄石的化学成分为$Ca_2Al[AlSi_3O_{10}](OH)_2$，属斜方晶系，单晶体少见，多为葡萄状、肾状、片状、块状集合体。颜色为淡绿色、绿色、黄绿色、淡蓝色、灰白色等，条痕白色，玻璃光泽，透明到半透明，硬度$6 \sim 6.5$，密度$2.8 \sim 2.95$ g/cm^3，解理完全，集合体为不平坦状断口。

▶ 葡萄石

葡萄石主要产在玄武岩和其他基性火成岩的气孔和裂隙中，常与沸石类矿物、硅硼钙石、方解石和针钠钙石等矿物共生。

葡萄石是一种优质的玉石材料，用来制作饰品或雕刻品，某些质优透明者可琢磨成刻面宝石。

我国葡萄石主要产于四川泸州、乐山、绵阳等地以及云南的宣威、富民、建水、祥云等地。另外，在辽宁的锦西一带、河北与山西交界的太行山等地均有葡萄石发现。

白云母 Muscovite

白云母的化学成分为$KAl_2[AlSi_3O_{10}](OH)_2$，属单斜晶系，晶体常呈假六方板状，通常呈片状、鳞片状集合体。颜色为无色、灰白色，条痕白色，透明，珍珠或丝绢光泽，硬度2.5，密度$2.76\sim2.88\ g/cm^3$，极完全解理，薄片具弹性。

白云母是分布广泛的造岩矿物，在岩浆岩、变质岩中均有产出。

白云母广泛用于无线电、航空、电机制造等行业，是重要的绝缘材料。另外，它还广泛用于涂料、油漆、塑料、造纸、装饰、化妆等行业。

▶ 白云母鳞片状集合体

▶白云母假方板状晶体

　　我国白云母矿产资源分布广泛,以内蒙古土贵乌拉和四川丹巴的云母矿最为有名。

蛭石 Vermiculite

▶蛭石

蛭石的化学成分为$Mg_{0.7}(Mg,Fe^{2+},Fe^{3+})_6[Al_2\ Si_6O_{20}](OH)_4 \cdot 8H_2O$，属单斜晶系，晶体常呈假六方板状，通常呈片状、鳞片状集合体。颜色为褐色、黄褐色、条痕白色，透明，珍珠到油脂光泽，硬度1～1.5，密度2.4～2.7 g/cm^3，极完全解理。薄片具挠性不具弹性，用火烧之迅速膨胀。

蛭石形成于岩浆岩和变质岩，由黑云母转变而来。

蛭石是非常好的消音隔热材料，被广泛应用于建筑业。

我国蛭石分布较广，但多分布在我国北部，主要有新疆、河北、内蒙、辽宁、山西、陕西等地，规模最大、最具代表性的是新疆尉犁县且干布拉克蛭石矿，其储量占全国总储量的90%以上，居世界第二。

▶黑云母

蒙脱石 MontmodUonite

蒙脱石的化学成分为$(Na,Ca)_{0.33}(Al,Mg)_2(Si_4O_{10})(OH)_2 \cdot nH_2O$，成分变化很大，属单斜晶系，常呈土状、块状出现。颜色白色、灰白色，条痕白色，土状光泽，不透明，硬度1～2，密度2～3 g/cm^3，土状断口。吸水后其体积膨胀而增大几倍至十几倍，并呈糊状。

蒙脱石主要由基性火成岩在碱性环境中风化而成，为膨润土的主要成分。

▶ 蒙脱石

蒙脱石作为黏结剂、吸附剂、增稠剂、脱色剂等广泛应用于冶金、铸造、钻井、化工、食品等多个部门。另外，蒙脱石在医药中应用广泛，具有止泻功效。

我国蒙脱石产地很多，如辽宁黑山矿、浙江临安、吉林双阳、吉林九台、河南信阳、河北张家口和宣化等地都有产出。

绿泥石 Chlorite

绿泥石的化学成分为$(Mg，Fe^{2+}，Fe^{3+}，Al)_6[(SiAl_8)O_{20}](OH)_4 \cdot (Mg，Fe^{2+}，Al)_6(OH)_{12}$，属单斜晶系，通常为鳞片状或致密块状集合体。颜色随含铁量的多少呈深浅不同的绿色，有暗绿色、绿色、灰绿、黑色，条痕白色到淡绿色，珍珠到土状光泽，透明到不透明，硬度2~2.5，密度2.6~3.3 g/cm³，解理完全，集合体呈土状或不平坦状断口。

　　绿泥石广泛存在于变质岩中,也见于沉积岩。多是角闪石、辉石、云母等蚀变的产物。

　　富铁绿泥石主要产于沉积铁矿中,达到工业利用指标的,可作为铁矿石开采。

　　我国绿泥石资源分布较广,四川江油、辽宁岫岩、山东青岛、青海祁连以及西藏北部等地均有绿泥石矿发现。

▶绿泥石

蛇纹石 Serpentine〔岫岩玉〕

蛇纹石的化学成分为$Mg_6[Si_4O_{10}](OH)_8$，属单斜晶系，通常呈致密块状、片状、鳞片状集合体产出。颜色为绿色、灰白色、黄白色、黄绿色、深绿色、墨绿色，条痕白色，半透明到微透明，玻璃到蜡状光泽，有时为丝绢光泽。硬度2.5~4，密度2.36~2.79 g/cm³，参差状断口。

蛇纹石主要是由超基性岩或镁质碳酸盐类的岩石遭到热液蚀变、交代作用的产物。

蛇纹石主要用作烧制钙镁磷肥、炼钢熔剂、耐火材料、建筑用板材、提取氧化镁和氧化硅。颜色鲜艳，质地细密的蛇纹石被称作岫岩玉，大量用来生产各种首饰和玉器，如手镯、项链、工艺摆件等。

中国的蛇纹石分布较广，最主要的是甘肃的酒泉和辽宁的岫岩，另外青海乌兰、新疆昆仑、四川会理、广西陆川、广东信宜、河南淅川、安徽凤阳、台湾花莲等地均有优质的蛇纹石产出。

▶ 蛇纹石，岫岩玉

高岭石 Kaolinite

高岭石的化学成分为$Al_4[Si_4O_{10}](OH)_8$，属三斜晶系，通常呈块状、土状集合体产出。颜色为白色、灰白色，条痕白色，土状光泽，半透明到不透明，硬度1~2.5，密度2.6 g/cm³，集合体多为土状断口。

高岭石主要由长石或其他富含铝的硅酸盐矿物风化而成。

高岭石经风化或沉积等作用变成高岭土，是冶金、轻工、化工、陶瓷的主要原料，也是生产塑料、橡胶、造纸、日用化工品的辅助材料或功能材料，还可用于生产硫酸铝和氯化铝。

我国高岭石的主要产地有江苏、广东、福建、湖南、江西、浙江等。以江苏苏州、广东茂名和湛江、福建龙岩的高岭土质量较好。

▶ 高岭石

钾长石 Potash feldspar

钾长石的化学成分为$K[AlSi_3O_8]$，包括正长石、透长石和微斜长石，这3种长石为同质多相的变种，主要是由于形成时温度的不同而造成晶体结构上有细微的差别。颜色为肉红色、粉色、白色、灰色、绿色等，条痕白色，玻璃光泽，透明到不透明，硬度6，密度2.57 g/cm³，解理完全。

钾长石主要产于酸性和碱性的岩浆岩中，如花岗岩，与斜长石、石英、云母等共生。

钾长石是最主要的造岩矿物，大量用于建筑业，以及玻璃、陶瓷的制造，还可用于制取钾肥。其中蓝绿色的微斜长石也叫天河石，可以用来提炼铷、铯等金属元素，质量上乘的可以用来制作首饰，还可用来做雕刻材料。

▶ 钾长石—正长石

▶ 天河石

　　我国钾长石的产地有很多，最为集中的地方在新疆、内蒙、河南等省区。

斜长石 Anorthose

▶ 斜长石

斜长石化学成分为Na[AlSi₃O₈]-Ca[Al₂Si₂O₈]，属三斜晶系，晶体常呈板状，集合体成粒状。颜色为白色、灰白色，条痕白色，玻璃光泽，透明到半透明，硬度6~6.5，密度2.61~2.76 g/cm³，解理完全。

斜长石是自然界分布最广的矿物，在岩浆岩、变质岩、沉积岩中均有产出，与石英、云母、方解石等共生。

斜长石是重要的造岩矿物，是建筑业、陶瓷业和玻璃业的主要原料。我国各省区大都有产出。

磷灰石 Apatite

磷灰石的化学成分为Ca₅[PO₄]₃(F,Cl,OH)，属六方晶系，晶体常呈六方柱状，集合体为粒状、块状。颜色为绿色、灰绿色、褐色、黄色、蓝色，条痕白色，玻璃光泽，透明到半透明，硬度5，密度3.18~3.21 g/cm³，解理不完全。

磷灰石分布较广，以副矿物见于各种岩浆岩、伟晶岩和变质岩中。与长石、石英、绿柱石、电气石、云母、锡石等矿物共生。

磷灰石是一种重要的化工矿物原料。用它可以制取磷肥和磷酸，以用于医药、食品、火柴、染料、陶瓷、国防等工业部门。色泽艳丽者可作宝石，有些磷灰石经过特殊的加工切磨，可以呈现出猫眼效应，叫磷灰

▶磷灰石

石猫眼。

我国在内蒙古、河北、河南、甘肃、新疆、云南、江苏等地发现有磷灰石，其中内蒙古额济纳旗、新疆可可托发现有宝石级磷灰石。

▶ 宝石级磷灰石

钨酸盐、硫酸盐、钼酸盐

这几类矿物由金属元素同钨酸根、硫酸根、钼酸根化合形成，通常密度较大，性脆，硬度略小，颜色一般较鲜艳，大多形成于沉积矿床和热液矿床。

白钨矿 Scheelite

白钨矿的化学成分为Ca[WO₄]，属四方晶系，单晶为近八面体的四方双锥状，集合体多为粒状、块状。颜色为白色，浅黄色、黄色、橘红色、浅褐色、褐紫色等，条痕白色，透明到半透明，玻璃到金刚光泽，硬度4.5～5，密度6.1 g/cm³，中等解理。在短波紫外光下发出强蓝白色荧光。

白钨矿主要形成于接触变质岩和高温热液矿脉中，与水晶、锡石、萤石、黑钨矿、云母、绿柱石等共生。

目前世界上开采出的白钨矿，大部分用于钢材的冶炼，少部分用于制造枪械、火箭推进器的喷嘴等。钨是一种用途较广的金属。色泽艳丽透明的晶体可做宝石。

▶ 白钨矿

▶ 宝石级白钨矿

　　我国白钨矿分布较广, 四川平武、湖南瑶岗仙、湖南宜章、广东怀集均发现品相完好的白钨矿晶体。

重晶石 Barite

　　重晶石的化学成分为$Ba[SO_4]$, 属斜方晶系, 晶体呈板状、厚板状, 集合体为粒状、结核状、块状。颜色无色、白色、灰白色、褐黄色, 条痕白色, 透明到半透明, 玻璃光泽, 硬度3~3.5, 密度4.3~4.6 g/cm^3, 解理完全。

▶ 重晶石厚板状晶体

▶ 重晶石晶体集合体

重晶石主要形成于中低温热液矿床，与水晶、萤石、白云石、黄铁矿、方铅矿等共生。

重晶石主要用作石油、天然气钻井泥浆的加重剂，还可以用作白色颜料（俗称立德粉）。另外，在玻璃生产中它可充当助熔剂并增加玻璃的光亮度。

我国重晶石资源丰富，主要分布在广西的象州、武宣等地，贵州的天柱、麻江等地，湖南的衡南、新晃和浏阳等地。另外，四川峨眉到金口河一带出产的水晶重晶石晶簇是极好的观赏石资源。

▶ 重晶石晶簇

天青石 Celestite

▶ 天青石

▶带晶面条纹的天青石

　　天青石的化学成分为$Sr[SO_4]$，属斜方晶系，晶体呈柱状、板状、厚板状，集合体为粒状、纤维状、块状。颜色为无色、白色、浅蓝色、蓝灰色、橘黄色、棕褐色，条痕白色，透明到半透明，玻璃光泽，硬度3～3.5，密度3.9～4.0 g/cm³，解理完全。

　　天青石主要产于石灰岩、白云岩的沉积矿床中，也形成于热液矿床。与方解石、水晶、白云石、石膏、重晶石、萤石等共生。

　　天青石矿主要用于生产碳酸锶，最主要的用途是生产彩电显像管的荧光屏玻璃，这是因为锶能吸收X射线。其次用于制造特种玻璃，还可用于冶炼时的脱铅剂。锶的硝酸盐是红色烟火和信号弹的着色剂。

　　中国天青石资源主要分布于重庆合川干沟水，其次为江苏溧水爱景山、云南、贵州、内蒙古、陕西等地。

石膏 Gypsum

　　石膏的化学成分为$Ca[SO_4]•2H_2O$，属单斜晶系，晶体常呈板状、板柱状，双晶常见，集合体多为块状、纤维状。颜色为无色、白色、灰白、浅黄色、浅褐色、浅绿色，条痕白色，透明到半透明，珍珠到丝绢光泽，硬度2，密度2.3～2.37 g/cm³，解理极完全。

石膏主要产于石灰岩、页岩、泥灰岩等沉积矿脉中，与石盐共生。也见于热液矿床。

石膏是一种用途广泛的工业材料和建筑材料，在国民经济中占有重要的地位，广泛用于建筑、建材、工业模具和艺术模型、化学工业及农业、食品加工和医药美容等众多应用领域。

我国石膏矿产资源丰富，以山东枣庄石膏矿最多，其次为内蒙古、青海、湖南。其中在湖南冷水江、安徽铜陵、新疆托克逊均发现有无色透

▶石膏

▶沙漠玫瑰

▶沙漠玫瑰大型集合体

明、纯净无暇的石膏晶体，具有一定的收藏价值。另外，在内蒙古阿拉善盟的戈壁沙漠中出产一种类似玫瑰花状的石膏集合体，叫沙漠玫瑰，具有很好的观赏价值。

钼铅矿 Wulfenite

钼铅矿的化学成分为$Pb[MoO_4]$，属正方晶系，晶体通常为四方板状，集合体为粒状或块状。颜色多为橙色、黄色、橙黄色、浅棕色，条痕白色，金刚光泽，透明到半透明，硬度2.5~3，密度6.5~7 g/cm^3，解理完全。

钼铅矿主要产于铅锌矿床的氧化带上，与石英、方解石、方铅矿、磷氯铅矿等共生。

钼铅矿是提取铅和钼的主要矿物，用于制造钢铁、飞机、导弹、电加热丝、润滑剂和锅炉保护涂料。

我国钼铅矿主要产于新疆白山，在四川冕宁、云南建水、甘肃白银、安西等地也有发现。

▶ 钼铅矿晶体集合体

▶ 钼铅矿

碳酸盐

碳酸盐在地壳中分布很广,是非常重要的造岩矿物,主要是金属元素阳离子和碳酸根相化合而成的盐类。矿物硬度不大,通常在3左右,颜色较鲜明,白色、灰色为多,一般为非金属光泽,大多溶于盐酸。碳酸盐矿物主要为外生成因,分布广泛,可形成大面积分布的海相沉积地层。内生成因的碳酸盐岩多数出现于岩浆热液阶段。

方解石 Calcite

▶ 方解石晶簇

方解石的化学成分为碳酸钙($Ca[CO_3]$),属三方晶系,无色透明者也叫"冰洲石"。晶体形状多样,差异较大,常见菱面体状、锥状、钉头状、柱状、六方板状、层状,集合体为粒状、块状、钟乳状、石花状。颜色为无色、白色、灰色、黄色、金色、红色、粉色、绿色、褐色、黑色等,条痕白色,透明到半透明,玻璃光泽,硬度3,密度2.71 g/cm³,解理完全。

方解石是分布最广的碳酸盐矿物,主要产于热液和沉积矿床,美丽的晶体常赋存于矿脉和晶洞中。同石英、长石、雄黄、黄铁矿、绿柱石等多种矿物共生。

方解石具有十分重要的用途,是冶金、水泥、塑料、玻璃、陶瓷、橡胶、造纸、合成纤维等多种工业的重要原料。品质较佳者可用作装饰材料,也是雕刻工艺材料。无暇的冰洲石是重要的制造光学仪器的材料。在某些石灰岩的地下溶洞中,由于地下水的作用重新形成方解石的集合体叫钟乳石,具有很高的观赏价值和旅游价值。

我国大部分省区均发现方解石资源,主要分布在湖南、广西、贵州、四川、云南、江西、青海、内蒙古、河北、吉林、新疆等地。

▶ 方解石六方板状晶体

▶ 方解石偏三角面晶体

▶ 方解石石花状晶簇

▶ 冰洲石的双折射现象

菱镁矿 Magnesite

菱镁矿的化学成分为$Mg[CO_3]$，属三方晶系，晶体少见，通常为粒状、块状集合体。颜色为白色、灰色、浅黄色、棕色，条痕白色，玻璃光泽，透明到半透明，硬度3.5～4.5，密度3.0～3.1 g/cm^3，解理完全。

菱镁矿产于热液矿脉、变质岩和沉积岩，与方解石、白云石、绿泥石、滑石共生。

菱镁矿主要用作耐火材料、建材原料、化工原料和提炼金属镁及镁化合物等。

中国是世界上菱镁矿资源最为丰富的国家。主要分布在辽宁的海城和营口，其次为山东掖县。另外，在河北、甘肃、新疆、西藏、内蒙古等地均有发现。

▶ 菱镁矿

白云石 Dolomite

白云石的化学成分为$CaMg[CO_3]_2$，属三方晶系，晶体常呈菱面体状，集合体为粒状、块状。颜色为白色、浅灰色、浅黄色，条痕白色，玻璃光泽，透明到半透明，硬度3.5~4，密度2.85~3.1 g/cm^3，解理完全。

白云石主要由沉积作用和热液作用形成，是白云岩和白云质石灰岩的主要组成物质。

▶白云石晶体

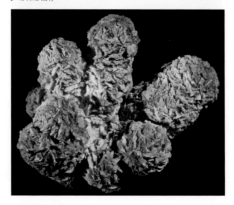

▶白云石集合体

白云石用途十分广泛，主要用作冶金熔剂、耐火材料、建筑材料和玻璃、陶瓷的配料。

中国白云石分布较广，在内蒙古、河北、山西、辽宁、广西、湖南、湖北、安徽、山东、四川、贵州等地均有发现。

菱锰矿 Rhodochrosite

菱锰矿的化学成分为$Mn[CO_3]$，属三方晶系，晶体常呈菱面体状，集合体为粒状、肾状、球状、结核状、钟乳状、块状。颜色为粉红色、浅黄色、浅褐色，条痕白色，玻璃光泽，透明到半透明，硬度3.5～4，密度3.5～3.7 g/cm^3，解理完全。

热液、沉积及变质条件下均能形成菱锰矿，但以外生沉积为主，形成菱锰矿沉积层。菱锰矿常与硫化物、低锰氧化物和硅酸盐共生。

菱锰矿是重要的锰矿物，主要作为炼铁和炼钢过程中的脱氧剂和脱硫剂，以及用来制造合金。颜色鲜艳透明的菱锰矿很稀有，可做宝石。质量上乘的可用于玉石雕刻或作观赏石。

我国菱锰矿已有多处发现，如辽宁、河北、安徽、江西、湖南、广西、贵州等地，其中广西梧州发现有高品质的菱锰矿晶体产出。

▶ 菱锰矿晶体

▶ 菱锰矿玫瑰状集合体

▶ 宝石级菱锰矿

菱锌矿 Smithsonite

菱锌矿的化学成分为$Zn[CO_3]$，属三方晶系，晶体少见，通常为钟乳状、葡萄状、肾状、皮壳状集合体，颜色为白色、黄色、绿色、褐色、蓝色、粉红色，条痕白色，玻璃光泽到珍珠光泽，透明到半透明，硬度4.5，密度$4.3 \sim 4.43 \ g/cm^3$，解理完全。菱锌矿为钟乳状时，内部具有同心环带状花纹，以黄色为主，十分好看。

▶ 黄色钟乳状菱锌矿

▶ 菱锌矿

▶ 菱锌矿晶体

菱锌矿产于铅锌矿床氧化带,是由闪锌矿氧化分解所产生的次矿物,常与孔雀石、蓝铜矿、褐铁矿、异极矿、磷氯铅矿、水锌矿、方铅矿、白铅矿等矿物共生。

菱锌矿是提炼锌的一种原料,用于镀锌工业。块度大的菱锌矿可用于玉雕材料。

中国已在云南、广西、广东、湖南、陕西等地发现菱锌矿,其中云南兰坪出产的菱锌矿质量极好,可用作雕刻材料。

文石 Aragonite

文石的化学成分为$Ca[CO_3]$,与方解石相同,是方解石的同分异构体,属斜方晶系,晶体少见,通常为纤维状、皮壳状、树枝状、鲕状、钟乳状集合体产出。颜色为白色、浅黄色、浅绿色、浅灰色、浅蓝色、褐红色,条痕白色,玻璃光泽,透明到半透明,硬度3.5～4,密度2.9～3.0 g/cm³,断口为贝壳状。

文石主要由低温热液和外生环境中形成。

质量上乘、块度大的文石可用于玉雕材料或作为观赏石使用。

我国浙江、河北、四川、云南、内蒙古、甘肃等地均发现有文石产出。

▶ 文石

孔雀石 Malachite

孔雀石的化学成分为$Cu_2[CO_3](OH)_2$，属单斜晶系，单晶体为针状，但少见，通常为钟乳状、葡萄状、肾状、皮壳状、结核状、纤维状、放射状、致密块状集合体，具有同心环带状或同心圆状构造，稍做加工就成为精美的工艺品。颜色绿色，条痕浅绿色，丝绢光泽，半透明，硬度3.5~4，密度3.9~4.0 g/cm³，通常为贝壳状到参差状断口。

▶ 天然孔雀石工艺品

孔雀石形成于铜矿床的氧化带上,与蓝铜矿、赤铜矿、氯铜矿、自然铜等共生。

孔雀石是找铜矿的标志,亦可用于首饰及玉雕材料,还是一种珍贵的天然颜料。

我国孔雀石主要分布于广东阳春、湖北大冶、江西的瑞昌、九江一带。另外,在安徽也发现有孔雀石。

▶皮壳状孔雀石

蓝铜矿 Azurite

蓝铜矿的化学成分为$Cu_3[CO_3]_2(OH)_2$,属单斜晶系,晶体为短柱状或厚板状,通常为粒状、结核状、片状、皮壳状、块状集合体,颜色为深蓝色、蓝色,条痕浅蓝色,玻璃光泽,半透明,硬度3.5~4,密度3.77~3.8 g/cm³,解理完全,集合体为贝壳状断口。

蓝铜矿同孔雀石一样,形成于铜矿床的氧化带上,与孔雀石、赤铜矿、氯铜矿、自然铜等共生。

蓝铜矿是找铜矿的标志,亦可用于首饰及玉雕材料,还是一种珍贵的天然颜料。

　　我国孔雀石主要分布于广东阳春、湖北大冶等地，同孔雀石相同，其中广东阳春的结核状蓝铜矿以单晶颗粒大、造型如花、整体尺寸大而闻名于世。

▶ 蓝铜矿

卤化物

卤化物是指由卤族元素氟、氯、溴、碘与金属元素化合而形成的天然矿物晶体，常形成于多种地质环境，主要是氟化物和氯化物，如萤石、石盐等，其他卤化物比较少见。

萤石 Flourite

萤石的化学成分为CaF_2，属等轴晶系，单晶体主要为立方体、菱形十二面体、八面体及其聚形，集合体通常为粒状、块状。颜色十分丰富，为无色、白色、绿色、黄色、紫色、蓝色、浅红色、褐色、黑色等，条痕白色，玻璃光泽，透明到半透明，硬度4，密度3.18 g/cm^3，解理完全。

▶ 萤石晶体聚形

萤石主要形成于各种热液矿床中，十分常见，与石英、方解石、黑钨矿、黄铜矿、闪锌矿、黄铁矿等多种矿物共生。

萤石的用途十分广泛，在冶金工业上作为助熔剂，可以降低冶炼材料的熔点。在化学工业上是制造氢氟酸的主要原料。萤石作为助溶剂和

常见矿物的识别

•107

遮光剂也广泛应用于玻璃、陶瓷、水泥等建材工业中。随着科学技术的进步,应用前景越来越广阔。另外,颜色鲜艳透明的萤石可以制作宝石或用于玉雕材料。

我国萤石资源丰富,几乎在各个省区均有发现,主要分布于浙江龙

▶ 萤石晶体集合体

泉、云和一带，安徽旌德、郎溪等地，江西德安，福建光泽、邵武、松溪等地，河南栾川到信阳一带，湖南郴州、临武、耒阳等地，广西全州、灌阳、玉林等地，重庆彭水、酉阳等地，贵州沿河、晴隆等地，甘肃武威、永昌等地，青海大通、兴海等地。

▶ 萤石立方体晶体聚形

石盐 Halite

石盐的化学成分为NaCl，属等轴晶系，单晶体主要为立方体，晶面上常见有凹陷，集合体为粒状或块状。颜色为无色、白色，条痕白色，玻璃光泽，透明到半透明，硬度2，密度2.1~2.2 g/cm³，解理完全。用舌舔之味咸。

石盐主要形成于海湾和盐湖的蒸发沉积，与钾盐、石膏、芒硝等共生。

盐是人类生活的必需品，在工农业及其他领域有着广泛的用途。我们的血液、眼泪乃至身体的各个组织都含有盐分，一个人倘若石盐的日摄入量经常低于2克，便会营养缺乏乃至死亡。石盐除加工成精盐可供食用外，还可作为食物保存剂。用石盐还可以制取盐酸、氯、钠、碳酸钠、硫酸钠、氯化钠及漂白粉等化工产品。石盐在农业上还可以用于加工制作钾肥。另外，制造瓷器、玻璃、胰皂及冶金、医药行业也离不开它。

我国石盐资源丰富，主要产于青海柴达木、河北省邢台、陕西榆林、江苏省淮安等地。另外，在四川、湖北、江西都有大规模石盐矿床发现。

▶ 石盐